HISTOIRE

DES

SCIENCES MATHÉMATIQUES.

IMPRIMÉ CHEZ PAUL RENOUARD, RUE GARANCIÈRE, 5.

HISTOIRE

DES

SCIENCES MATHÉMATIQUES

EN ITALIE,

DEPUIS LA RENAISSANCE DES LETTRES

JUSQU'A LA FIN DU DIX-SEPTIÈME SIÈCLE

PAR GUILLAUME LIBRI.

TOME QUATRIÈME.

A PARIS,

CHEZ JULES RENOUARD ET Cⁱᵉ, LIBRAIRES,

RUE DE TOURNON, Nº 6.

—

1841.

TABLE

DES MATIÈRES CONTENUES DANS LE QUATRIÈME VOLUME.

LIVRE SECOND.   1
NOTES ET ADDITIONS.   295
   Note   I   297
   Note   II.   303
   Note   III   315
   Note   IV.   321
   Note   V   327
   Note   VI   364
   Note   VII   369
   Note   VIII   399
   Note   IX.   407
   Note   X.   416
   Note   XI.   436
   Note   XII   455
   Note   XIII   462
   Note   XIV.   466
   Note   XV.   468
   Note   XVI   471
   Note   XVII   473
   Note   XVIII   485
ADDITIONS AU SECOND VOLUME.   487
ADDITIONS AU TROISIÈME VOLUME.   492
ERRATA DU PREMIER VOLUME.   493
ERRATA DU SECOND VOLUME.   494
ERRATA DU TROISIÈME VOLUME.   495
ERRATA DU QUATRIÈME VOLUME   496

LIVRE TROISIÈME.

SOMMAIRE.

Introduction, p. 1. — Développement scientifique des divers peuples de l'Europe, p. 15. — Espagnols, p. 15. — Français, p. 17. — Anglais, p. 23. — Allemands, p. 25. — Italiens, p. 28. — Réforme du calendrier, p. 33. — Ignace Danti, p. 37. — Ses ouvrages, p. 39. — Il découvre avant Tycho-Brahé la diminution de l'obliquité de l'écliptique, p. 41. — Perspective, p. 41. — Astronomes, 42. — Magini, professeur à Padoue, cite Copernic, p. 43. — Kepler refuse la chaire de Magini, p. 44. — Sordi croit que l'on peut calculer le retour des comètes, p. 45. — Mécanique, p. 45. — Ramelli, p. 45. — Faust Veranzio publie un ouvrage où se trouvent décrits les ponts suspendus en fer, p. 48. — Fontana transporte l'obélisque de Caligula, p. 53. — Ses succès, p. 57. — Il est exilé et meurt à Naples, 57. — Zonca, p. 58. — Branca, p. 59. — Sa machine à vapeur, p. 60. — Architecture militaire de Marchi, p. 61. — Aléotti et Giorgi traduisent les Pneumatiques de Héron, p. 69. — Baldi traduit les Automates, p. 70. — Travaux et savoir de Baldi, p. 70. — Del Monte, p. 79. — Ce mathématicien est loué par Galilée et par Lagrange, p. 80. — Ses travaux, p. 81. — Barozzi, p. 85. — Est condamné par l'inquisition, p. 87. — Cataldi, p. 87. — Sa fécondité, p. 88. — Il invente les fractions continues, p. 92. — Il emploie les séries infinies, p. 93. — Il construit généralement les équations du second degré, p. 95. — Patrizi essaie de démontrer les axiomes en géométrie, p. 99. — Peverone traite quelques questions sur les probabilités, p. 93. — Césalpin grand naturaliste, p. 99. — Réformateur en philosophie et en histoire naturelle, p. 100. — Circulation du sang, p. 100. — Aldrovandi, p. 103. — Son encyclopédie, p. 103. — Physiciens, p. 107. — Porta, p. 108. — Sa naissance, p. 109. — Ses comédies, p. 110. — Académie des secrets, p. 112. — Sa mort, p. 114. — Magie naturelle de Porta, p. 116. — Première édition de la *Magie* en quatre livres, p. 121. — Mention de la chambre noire, p. 122. — Magie naturelle en vingt livres, p. 123. — Porta a-t-il inventé le télescope? p. 128. — Autres ouvrages de Porta, p. 132. — Ses Pneumatiques, p. 133. — Emploi de la vapeur p. 133-134. — Description incomplète d'une espèce de thermomètre, p. 134. — Marées, p. 135. — Recherches géométriques de Porta, p. 137. — Il est appelé à Rome pour rendre

compte de ses opinions, p. 189. — Giordano Bruno, domi-
nicain, p. 141. — Sa vie, p. 142. — Il est condamné au feu
par l'inquisition, p. 143. — Ses ouvrages, p. 144. — Ses idées
philosophiques, p. 144.— Il soutient le système de Copernic,
p. 144.—Dominis, archevêque de Spalatro, p. 145. — Sa vie,
p. 148. — L'inquisition livre aux flammes le cadavre de Dominis, p. 148. — Newton lui attribue l'explication de l'arc-
en-ciel, p. 148.—Campanella. p. 149.—Sa vie, p. 150.— Il
est torturé sept fois, p. 161.—Il s'échappe de Rome et meurt
à Paris, 153. — Galilée est le créateur de la philosophie des
sciences, p. 157. — Il a précédé Bacon qui connaissait ses
ouvrages, p. 159. — Galilée naît à Pise, p. 167.— Il étudie le
grec et le latin, p. 169. — Ses succès dans les arts, p. 169. —
A dix-sept ans, il est envoyé à Pise pour étudier la méde-
cine, p. 171. — Il découvre l'isochronisme des oscillations
du pendule, p. 172.—Comment il apprend la géométrie, p. 173.
— Il prend Archimède pour guide, p. 173.— Ses premiers
essais, 175. — Le grand-duc lui refuse une bourse, p. 175. —
Il ne peut pas se faire recevoir docteur, p. 175.— Il entre en
correspondance avec divers savans, p. 175. — Del Monte devient son protecteur, p. 176. — Galilée est nommé professeur à Pise, avec 1 franc par jour de traitement, 176. — Il
se déclare contre Aristote, et découvre les lois de la chute
des corps, p. 177. — On le siffle, p. 178. — Il s'abstient de
publier ses travaux, p. 178. — Ses premiers *Dialogues* iné-
dits, p. 199. — Jean de Médicis le force à quitter la Toscane,
p. 181. — Galilée est nommé professeur à Padoue. p. 181.—
Quel était alors son patrimoine, p. 181. — Ses succès, p. 182.
—Ses premiers travaux, p. 182. — Il ne fait imprimer aucun
de ses ouvrages, p. 183. — Principe des vitesses virtuelles,
p. 183.—Thermomètre, p. 185.—Cet instrument attribué à Bacon, à Fludd, à Drebell, à Sanctorius, à Sarpi, est dû à Galilée
qui n'en publia jamais la description, p. 189. — Machine hy-
draulique de Galilée, p. 197. — Compas de proportion,
p. 197.—Capra veut s'approprier cet instrument, p. 198. —
Galilée le fait condamner, p. 199. — Gustave de Suède va à
Padoue pour entendre Galilée, p. 200. — Nouvelle étoile du
Serpentaire, p. 201. — Galilée adopte le système de Copernic, mais craignant le ridicule, il ne publie pas d'abord
son opinion, p. 202. — Ses recherches sur les aimans,
p. 103. — Il apprend vaguement la découverte du télescope,
et il en devine la construction en une nuit, p. 204. — En-
thousiasme que le télescope excite à Venise, p. 204. — Galilée dirige le télescope vers le ciel, p. 207. — Il découvre les
montagnes de la lune, p. 208. — La libration, p. 208. — Les
satellites de Jupiter, p. 209. — Il croit que Saturne est formé
de trois corps, p. 210. — Bruit que font ces découvertes : les
péripatéticiens prétendent que ce sont là des illusions diabo-
liques, p. 211. — Sagredo et Sarpi amis de Galilée, p. 212.—

Galilée est nommé mathématicien du grand-duc de Toscane,
p. 217. — Prédiction de Sarpi, p. 219. — Galilée retourne à
Florence et poursuit ses découvertes astronomiques, p. 220.
— Il va à Rome, p. 221. — Il retourne à Florence et invente
le microscope, p. 222. — Publie un ouvrage sur les corps
flottans, p. 224. — Il est en butte à de violentes attaques,
p. 224. — Ouvrage sur les taches solaires, p. 226. — Cabale
contre Galilée, p. 229. — Les dominicains se déclarent contre
lui, p. 232. — Le père Caccini prêche publiquement contre
Galilée, p. 232. — Perfidie des ennemis de Galilée, p, 235.
— Galilée se rend à Rome. p. 236. — Le système de Copernic est condamné par la congrégation de l'*index*, p. 238. —
Paul V se déclare ouvertement contre Galilée, p. 238. — Por-
trait de ce pape et dangers auxquels s'expose Galilée, p. 239.
— Lettre du grand-duc, p. 241. — Galilée retourne à Florence et s'occupe du problème des longitudes en mer, p. 241.
— Discussion sur les comètes entre Guiducci, Sarsi et
Galilée, p. 243. — Le *Saggiatore*, p. 246. — Le cardinal Bar-
berini (Urbain VIII) compose un poème latin en l'honneur
de Galilée, p. 248. — Galilée prépare son *Dialogue* sur le
système du monde, p. 250. — Le manuscrit est lu par les
inquisiteurs de Rome et de Florence et par le pape lui-même,
p. 251. — Publication du *Dialogue* et *avant-propos*, p. 253.
— Succès extraordinaire de cet ouvrage, p. 254. — Persécu-
tion contre Galilée, p. 259. — Urbain VIII fait examiner ce
Dialogue par une commission composée uniquement d'ennemis de Galilée, p. 256. — Le grand-duc veut protéger Galilée, mais il fléchit bientôt et refuse de le nourrir, p. 556. —
Galilée est forcé d'aller à Rome au cœur de l'hiver, p. 257.
— Il est condamné à la détention, p. 258. — Galilée a-t-il été
torturé? p. 259. — Il se rend à Sienne et de là dans une mai-
son de campagne qu'on lui assigne pour prison, p. 266. —
Mort de sa fille et rigueur des inquisiteurs, p. 267. — Galilée
devient aveugle, p. 267. — Il est en butte à tous les mal-
heurs et à toutes les persécutions, p. 268. — Les savans français élèvent la voix en sa faveur, p. 269. — Richelieu veut
faire condamner le système de Copernic, p. 270. — Gassendi,
Mersenne, Diodati, Noailles présentent la défense de Galilée, p. 270. — Peiresc sollicite vainement le pape pour lui,
p. 274. — Galilée publie son plus bel ouvrage, p. 276. —
Sa mort, p. 277. — Ses manuscrits sont pillés et dispersés.
p. 277. — Biographies de Galilée, p. 281. — Résumé de ses
travaux, p. 283.

HISTOIRE

DES

SCIENCES MATHÉMATIQUES

EN ITALIE.

LIVRE TROISIÈME.

Depuis Fibonacci jusqu'à Galilée les Italiens ont
marché presque seuls, ne recevant des étrangers
que de bien faibles secours, et nous avons pu
jusqu'ici tracer l'histoire des siences en Italie,
sans avoir égard aux autres contrées. Mais au
seizième siècle la scène change, et il n'y a guère
de nation en Europe chez qui les sciences ne soient
cultivées. A Colomb, à Vespuce, succèdent par-
tout mille hardis navigateurs; Copernic, Tycho-
Brahé, Kepler, paraissent devoir fixer dans le nord
le règne de l'astronomie. En France, Viète perfec-
tionne l'algèbre et fait trop peut-être oublier les
travaux de ses devanciers. La nouvelle philosophie pénètre chez tous les peuples et les éclaire :
pour chaque découverte, il se présente désormais plusieurs prétendans qui l'ont préparée ou
qui semblent avoir trouvé en même temps le

fait fondamental. Dans ce mouvement continuel des esprits, il n'est plus possible de suivre les progrès intellectuels d'un peuple, quel qu'il soit, sans jeter un coup-d'œil sur ce qui s'est fait chez les autres, ni d'apprécier à leur juste valeur les travaux d'un savant, sans tenir compte de ce qu'ont pu faire ailleurs ses devanciers ou ses contemporains : pour étudier avec fruit l'histoire scientifique de l'Italie, il devient donc nécessaire de s'arrêter un instant à contempler la marche de la civilisation en Occident depuis la renaissance des lettres.

A la chute de l'empire romain, l'Église devint dépositaire de la civilisation de l'Europe, et prêchant l'évangile aux envahisseurs, elle adoucit les mœurs des plus farouches et leur enseigna la charité. Par l'influence de la religion, ils apprirent les élémens des lettres latines et s'habituèrent à vénérer en Rome, même après l'avoir asservie, la capitale de la chrétienté. Les pieux missionnaires qui parcouraient alors l'Occident représentaient un ordre social bien moins imparfait que tout ce qui existait chez les barbares ; et leur parole désarmée descendant sur des hommes qui semblaient destinés à faire de l'Europe un immense tombeau, les arrêta,

les subjugua, leur inspira l'amour du pro-
chain, qui était pour eux la plus nécessaire des
vertus. Ce fut le plus beau temps du christia-
nisme, qui, comme toutes les religions, semble
plus propre à commencer l'éducation d'un
peuple qu'à l'achever, et qui, à l'exemple d'autres institutions, fut plus vénérable, plus su-
blime aux jours de lutte et d'adversité que dans
ses temps de puissance et de splendeur. Alors la
majesté des pontifes ne brillait pas uniquement
par la pompe du Vatican, et leurs seules vertus
rendaient formidable le Dieu au nom duquel ils
parlaient. Mais un si grand ascendant ne pouvait
être impunément accordé à des humains, et tout
en continuant à parler du ciel, on commença à s'oc-
cuper des choses de la terre. La charité publique
qui s'exerçait de préférence en faveur des cou-
vens; la doctrine de l'expiation par les aumônes,
les fondations pieuses que l'Église imposait sou-
vent aux fidèles, procurèrent des biens immenses
aux ministres du Seigneur. Les richesses cor-
rompirent les mœurs, le pouvoir qu'avaient
acquis les pontifes leur inspira le désir de l'é-
tendre encore, et ils prétendirent à la domination universelle. Ils s'élevèrent alors au-dessus des
rois et se dirent chargés de faire exécuter les

arrêts de la Providence. Parvenus à cet excès de puissance, ils voulurent s'y maintenir, et, ne régnant que par les idées, ils proscrivirent toutes celles qu'ils n'enseignaient pas, interdirent la discussion et punirent le doute. Pour faire exécuter ces décrets, il fallait une sanction pénale, et l'inquisition fut créée ; pour faire respecter l'autorité de l'Église il fallait dompter l'autorité séculière ou faire cause commune avec elle, et après des luttes acharnées avec les empereurs, on finit par proclamer le droit divin du despotisme: c'est ainsi qu'une religion qui semblait devoir délivrer le monde, lui forgea des fers, et qu'après avoir établi sa domination à l'aide d'un livre, elle voulut brûler tous les autres. Elle ne commençait à instruire que pour asservir, et s'opposait aux progrès qui pouvaient conduire à l'affranchissement. Bientôt toute innovation lui parut une menace et elle se fit le soutien du passé. Longtemps elle combattit et résista, et lorsqu'elle se sentit vaincre par les idées nouvelles, elle s'enferma dans une armure de vieux préjugés, et sans céder sur aucun point, laissa à d'autres le soin de présider à la marche de l'humanité. Déchue de son ancienne puissance, redoutant l'esprit d'innovation et de révolution, l'Église

est devenue nécessairement l'alliée de la tyrannie, et ne sait plus s'en séparer. Désormais elle est plutôt destinée à entraver qu'à faciliter le progrès des lumières; car, si jadis elle a donné l'alphabet aux Illyriens et aux Ouigours (1), elle a seulement voulu qu'on sût lire le catéchisme (2) et obéir aux décrétales; elle n'a jamais demandé d'autre science.

Nous savons que des hommes d'un grand mérite, des esprits élevés, ne partagent pas ces idées, et que, frappés des maux de notre époque, voyant dans la prépondérance des intérêts matériels la cause de ces maux, ils voudraient rendre force à la religion pour relever la société. Tout homme de cœur s'affligerait profondément, s'il était condamné à voir la décadence de la morale et des plus nobles sentimens de l'humanité; mais il ne faut pas

---

(1) On sait que saint Cyrille et saint Méthodius ont donné un alphabet aux Illyriens; les Ouigours ont reçu le leur des Nestoriens (Voyez *Abel Rémusat, Recherches sur les langues tartares.* Paris, 1820, in-4, p. 29 et suiv.).

(2) Un fait assez remarquable, c'est que, parmi les livres publiés en différentes langues orientales, à Rome, par la *Propagande*, il y a beaucoup de catéchismes et très peu de bibles ou d'évangiles. La société biblique, qui a publié tant de bibles, est, comme on le sait, dirigée par des protestans.